Gerda Dirx

Kuschelpuppen zum Selbermachen

Frech-Verlag Stuttgart

Zum Thema „Puppen" sind im Frech-Verlag zahlreiche andere Titel erschienen. Hier eine Auswahl:

Ursula Sauer
Puppenperücken aus eigener Werkstatt
Als gelernte Friseurin ist die Autorin berufen, Puppen zu „perücken", wie sie es betont unkonventionell nennt. 1982 machte sie ihr Hobby zum Beruf, und inzwischen hat sie sogar ein Puppenmuseum mit 200 selbstgeschaffenen Puppen eröffnet.
32 Seiten, viele Farbfotos
TOPP 1350 ISBN 3-7724-1350-1

Hildegard Günzel
Babypuppen modellieren
Begehrte Spiel- und Sammelobjekte mit kindlichem Charme, liebenswert und voller Ausdruck – das sind Babypuppen von der vielfach ausgezeichneten Puppen-Designerin! Detailliert stellt sie das Modellieren in drei verschiedenen Altersstufen vor.
ca. 100 S., DIN A4, geb., Farbfotos
TOPP 1508 ISBN 3-7724-1508-3

Christa Wittke
Tiere gestrickt als Handspielpuppen
Der Erfolg ihres Buches „Gestrickte Handspielpuppen" ermunterte die Autorin, sich nun den Tieren zuzuwenden.
Die Farbfotos sind so reizend, die Anleitung so gut, daß der Leser sich bald einen Handspiel-Zoo schaffen wird.
48 S., 26 Farbf., 19 Zeichn.
TOPP 863 ISBN 3-7724-0617-3

Fotos: Frech-Verlag Stuttgart · Rüdiger Kallweit

Auflage: 5. 4. 3. 2. | Letzte Zahlen maßgebend
Jahr: 1997 96 95 94 93

frech-verlag
GmbH+Co. Druck KG Stuttgart · Druck: Frech, Stuttgart 31
ISBN 3-7724-1648-9 · Best.-Nr. 1648

Kleine und große Kinder lieben weiche, kuschelige Puppen. Sie sind ein herrliches Spielzeug, geliebte Bettgefährten und schöne Geschenke zu Geburt, Taufe, Kindergeburtstag, und, und, und...

Besonders beliebt sind selbstgemachte Puppen.
Es ist gar nicht so schwierig, so ein Puppenkind zu fertigen. Anhand vieler Fotos erläutert Gerda Dirx die Herstellung eines lustigen Kaspers mit Nicki-Anzug. In wenigen Stunden schaffen Sie eine Puppe, die garantiert einmalig ist.

Schritt-für-Schritt-Anleitungen, genaue Materialangaben sowie eine Waschanleitung gewährleisten, daß die Puppe gelingt und lange Freude macht.

Viel Spaß beim Puppenbasteln!

Was Sie für die Puppenherstellung benötigen

Wattevlies brauchen Sie zur Herstellung des Puppenkopfes. Sie erhalten das Vlies entweder als Meterware von der Rolle oder bereits zugeschnitten als Streifen mit einer Breite von 15 cm. Das Wattevlies ist durch eine Vorbehandlung auf beiden Seiten so gefestigt, daß Sie es leicht auseinanderziehen können. Sie erhalten dann zwei Teile mit je einer festen und einer flauschigen Seite. Auf Seite 6 finden Sie ein Schnittschema, nach dem Sie den Vliesstreifen aufteilen können.

Schlauchverband gibt es in verschiedenen Breiten in der Apotheke oder im Sanitätsgeschäft.

Puppentrikotstoff:
Für das Puppengesicht wählen Sie eine feine, gut dehnbare Ware, wie sie zur Herstellung von Waldorfpuppen verwendet wird. Es gibt diesen Trikotstoff in 50 cm bis 80 cm breiten Schläuchen zu kaufen.
Für die Hände Ihrer Kuschelpuppe eignet sich eine weniger dehnbare Ware besser, da sie sich beim Füllen nicht verformt.

Füllmaterial:
Wählen Sie hierfür am besten Polyesterwatte. Sie ist gut waschbar und formbeständig.

Abbindegarn:
Nehmen Sie 100 % Leinen, 18/3, gezwirnt. Das Garn wird zum Abbinden der Kopfeinteilung benötigt.

Reißfestes Handnähgarn wie z. B. Knopflochgarn benötigen Sie für die Abbindestellen am Puppenhals, zum Einnähen der Augenhöhlen sowie für alle Handnähte am Puppenkörper.

Stoffmalfarben:
Achten Sie darauf, daß die Farben wasserfest, also auch waschecht sind. Wählen Sie keine grellen, sondern dezente Farbtöne.

Haare:
Am besten eignen sich dünne Mohairwolle, Schur- oder Baumwolle, wenn Sie die Haare aufsticken wollen.
Zum Aufnähen der Haare nehmen Sie Webpelz oder Fellreste wie Kaninchen- oder Lammfell.

Nickistoff erhalten Sie im Handel in einer Breite von 1,50 m in vielen Farbtönen.

Außerdem benötigen Sie noch:
- Schere
- Maßband
- Stecknadeln mit Metall- und Glasköpfchen
- Nähnadeln
- lange, dünne Stopfnadel
- Häkelnadel (Stärke 4 oder 5)

Das gesamte Material zur Puppenherstellung können Sie in Hobbyfachgeschäften kaufen; Sie werden dort sicher gut beraten!

Sticharten

Ein Teil der Nähte muß von Hand gearbeitet werden. Folgende Stiche sollten Sie kennen:

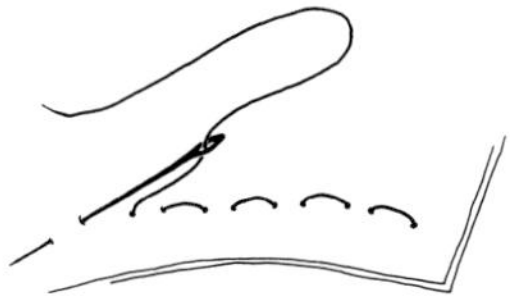

Vorstich
zum Reihen oder Kräuseln geeignet.

Rückstich oder Steppstich
ergibt eine Naht, die der Nähmaschinennaht ähnelt. Mit doppeltem Faden gearbeitet, ist sie auch ebenso haltbar.

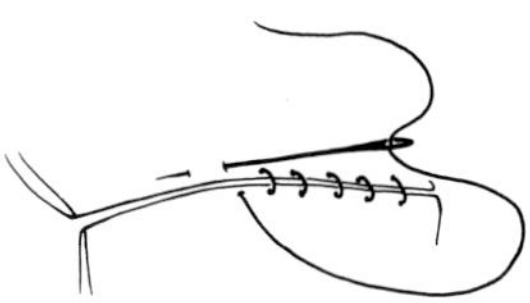

Matratzenstich
empfiehlt sich, um zwei Kanten sauber gegeneinander zu nähen. Sie erhalten damit feine, kaum sichtbare Nähte.

Überwendstich
bietet ebenfalls eine Möglichkeit, zwei Kanten gegeneinander zu nähen – vor allem, wenn die Kanten gleichzeitig auch versäubert werden sollen, z.B. bei Stoffen, die leicht ausfransen.

Kasper

Abbildung Seite 6

40 cm groß

Materialbedarf:
1,9 m Wattevlies, 15 cm breit
0,5 m Schlauchverband, 6 cm breit
1,2 m Schlauchverband, 3 cm breit
3 m Abbindegarn
0,5 m Nickistoff je Farbe, 1,5 m breit
0,2 m x 0,2 m Trikot für das Gesicht
4 Stücke Trikot für die Hände, je 8 cm x 8 cm
12 cm Webpelz oder Fell in Fellverlaufrichtung, 30 cm breit (je nach Kopfumfang)
80 g Füllwatte
Wollreste: wenn der Haaransatz bestickt werden soll, benötigen Sie ca. 3 m Wolle
Stoffmalfarben: Weiß sowie Braun, Blau oder Grün für die Augen; Rot für den Mund

Teilen Sie nach folgendem Schema den Wattevliesstreifen auf:

1,9 m

7,5 cm	**A** Rolle für	**C** 2 Halsstreifen	**E** Rolle für Bauch, Umfang 21 cm	13 cm
7,5 cm	den Kopf **B**	**D** 2 Halsstreifen		
			Rest	2 cm
	0,8 m	0,6 m	0,5 m	

Der Kopf

Wickeln Sie die Wattestreifen A und B zu eincr festen Rolle; Sie arbeiten dabei mit 1,6 m Vlies.

Der Umfang sollte etwa 30 cm betragen.

Das Ende der Watterolle heften Sie mit einigen Stichen fest, damit die Rolle sich nicht mehr öffnet, wenn Sie sie aus der Hand legen.

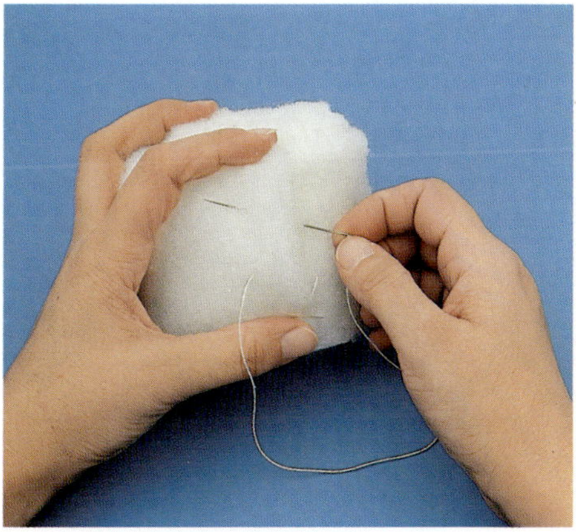

Die Wattestreifen C und D teilen Sie durch Auseinanderziehen in vier Streifen (vgl. S. 4). Diese werden nacheinander kreuzweise über die Rolle gelegt. Nehmen Sie die flauschige Seite des Vlieses nach außen. Streichen Sie die Wattestreifen stramm über die Rolle.

Binden Sie dann die Wattestreifen mit reißfestem Garn unter dem Puppenkopf fest ab.

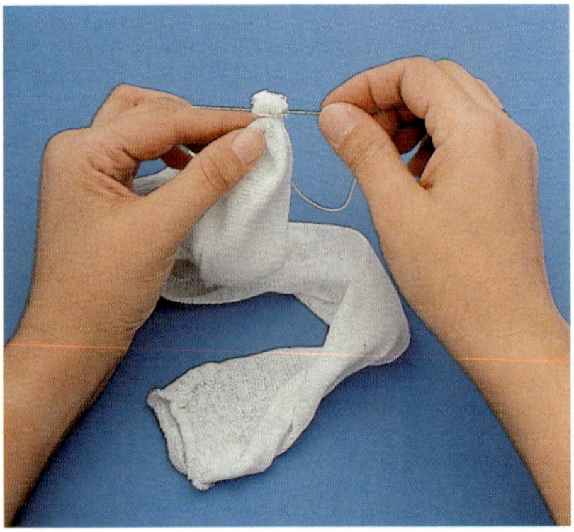

Der Schlauchverband wird an einem Ende mit Garn umwickelt und zugenäht; die Fadenenden werden kurz abgeschnitten. Wenden Sie den Schlauchverband, und…

…ziehen Sie ihn so über den Puppenkopf, daß die Nahtstelle oben auf der Kopfmitte liegt.

Wenn Sie den Schlauchverband stramm angezogen haben, wird er mit reißfestem Garn unter der Kopfkugel abgebunden.

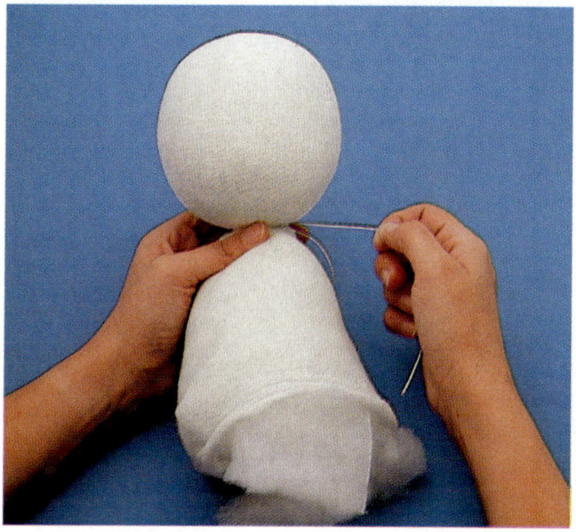

Nun müssen Sie noch entscheiden, auf welcher Seite das Puppengesicht entstehen soll: Begutachten Sie den Puppenkopf rundherum, und wählen Sie dann die Seite, die glatter und gleichmäßiger gearbeitet ist. Achten Sie darauf, daß kleine Unebenheiten unter dem Schlauchverband am Hinterkopf liegen, wo sie später durch die Haare verdeckt werden.
Markieren Sie die vordere Seite entweder mit einem Bleistiftpunkt oder mit einer farbigen Stecknadel unter dem Kinn.
Der „Hals" der Puppe, also der restliche Schlauchverband, sollte exakt in der Mitte unter dem Kopf sein.

Abbinden des Puppenkopfes

Durch eine bestimmte Abbindetechnik erhält das Puppengesicht seine Konturen: Die waagerechte Einschnürung bildet die Augenlinie, durch die senkrechte Einschnürung entstehen die Wangen.
Sie benötigen zwei 1,5 m lange Fäden aus reißfestem Abbindegarn. Damit legen Sie einen Fischerknoten um die Mitte des Puppenkopfes (siehe Zeichnungen rechts). Dieser Knoten ist gut zum Einschnüren geeignet, weil er sich nach dem Strammziehen nicht wieder von alleine öffnet.

Der Fischerknoten

Arbeiten Sie von links nach rechts, legen Sie zwei Schlaufen nebeneinander.

Verschieben Sie die erste Schlaufe nach rechts auf die zweite Schlaufe.

So liegt der Fischerknoten richtig über dem Kopf. Die Garnenden befinden sich am Hinterkopf.

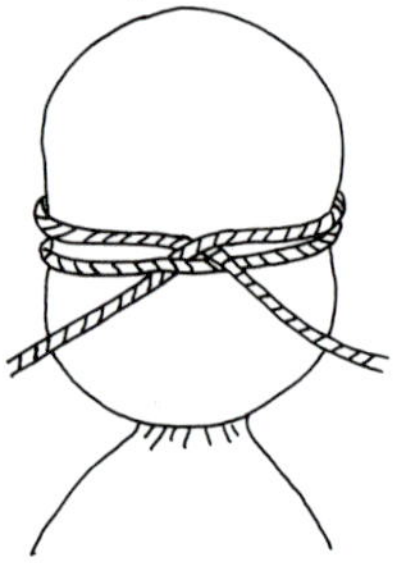

Ziehen Sie den Fischerknoten zunächst nur leicht zu, und verschieben Sie dann die Linie so weit abwärts, daß folgende Kopfeinteilung entsteht:

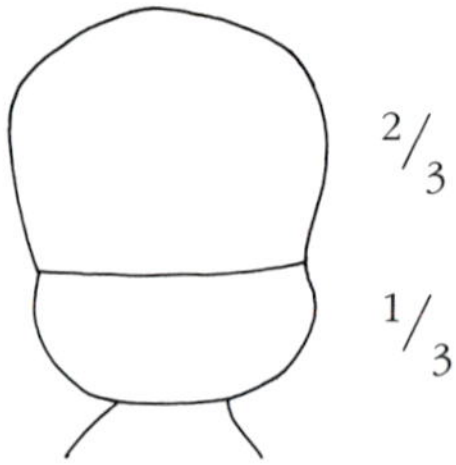

Stellen Sie einen zweiten Fischerknoten her. Diesmal wird der Faden oben auf der Kopfmitte sehr stramm zugezogen und verknotet.

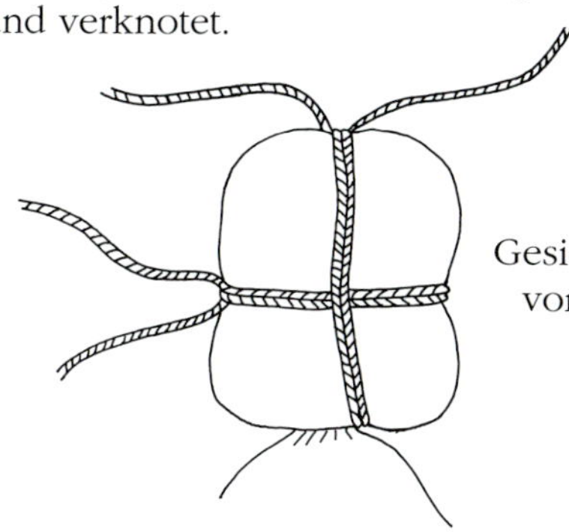

Führen Sie nun eine Häkelnadel diagonal unter die sich kreuzenden Fäden. Dann nehmen Sie einen der Fäden von der Kopfmitte und ziehen ihn mit der Häkelnadel unter dem Kreuzungspunkt durch. An der anderen Kopfseite wird der Vorgang mit dem zweiten Faden wiederholt. Beide Fäden werden dann wieder zur oberen Kopfmitte geführt und dort verknotet. Achten Sie darauf, daß bei diesem Arbeitsschritt der waagerechte Abbindefaden nicht nach oben verrutscht.

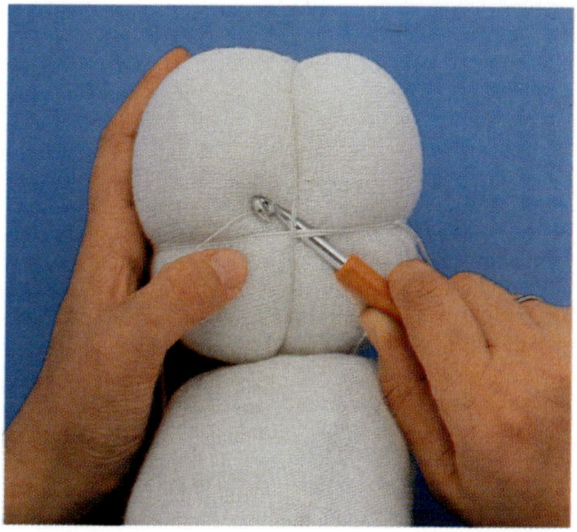

Der waagerechte Abbindefaden wird am Hinterkopf nach unten geschoben. Ziehen Sie ihn sehr stramm, denn dadurch entsteht die Einschnürung der Augenpartie. Nach dem Verknoten werden die Fäden kurz abgeschnitten.

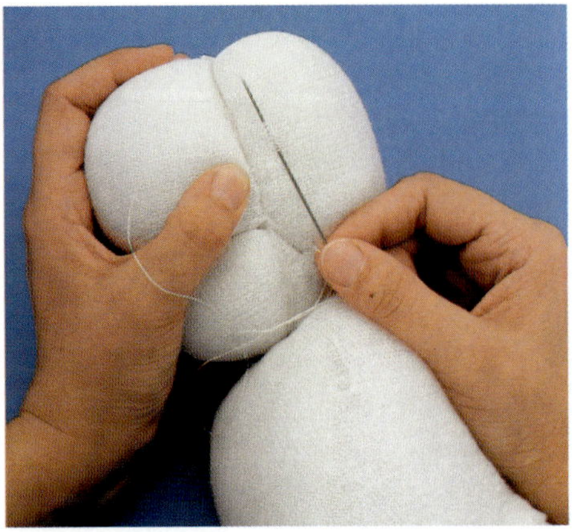

Im Matratzenstich nähen Sie nun die senkrechte Einschnürlinie zu. Beginnen Sie bei dieser Arbeit in Höhe der waagerechten Einschnürung, und enden Sie auf der gegenüberliegenden Seite. Stechen Sie abwechselnd rechts und links der Einschnürlinie mit der Nadel ein, und ziehen Sie den Faden stramm. Dadurch wird die „Einschnür-Rille“ auf dem Kopf verdeckt.

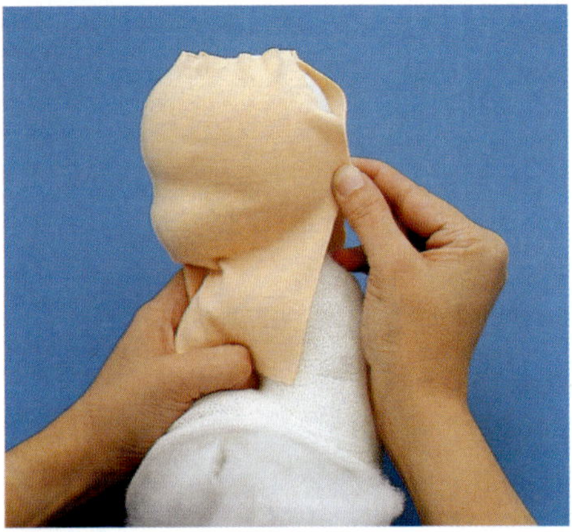

Für das Bespannen des Gesichts schneiden Sie ein Stück Trikotstoff in der Größe von 20 cm x 20 cm zu. Messen Sie am Puppenkopf aus, ob der Stoff stramm über dem Gesicht liegt und ob die Konturen gut sichtbar werden. Achten Sie darauf, daß die Maschen senkrecht zum Gesicht verlaufen. Steht mehr als 0,5 cm Stoff am Hinterkopf über, wird der Kopfbezug entsprechend verkleinert.

Legen Sie das Schnittmuster für den Kopfbezug auf den Trikotstoff, und zeichnen Sie ca. 0,5 cm vom Rand entfernt die Nählinie mit einem Bleistift auf den Stoff. Schließen Sie dann mit der Nähmaschine oder von Hand (Rückstich) entlang dieser Linie die Naht.

oben offen
Maschenlauf
Schnittmuster für Kopfbezug
aus dehnbarem Trikotstoff
Stoffbruch
ab hier zunähen
offen
offen

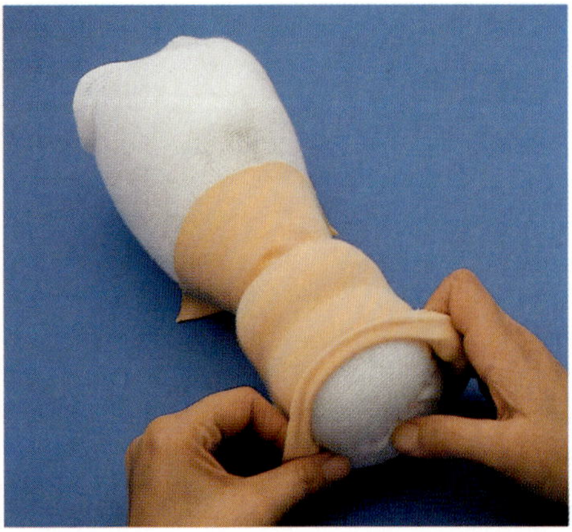

Durch die obere Öffnung ziehen Sie von unten den Kopfbezug über das Puppengesicht. Die Naht befindet sich am Hinterkopf. Die Maschen müssen genau senkrecht zum Gesicht verlaufen.

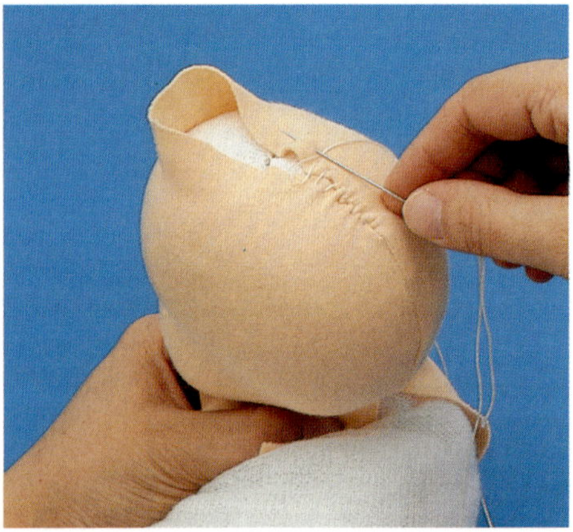

Beginnen Sie am Hinterkopf, im Matratzenstich die Öffnung auf der Kopfmitte zuzunähen.

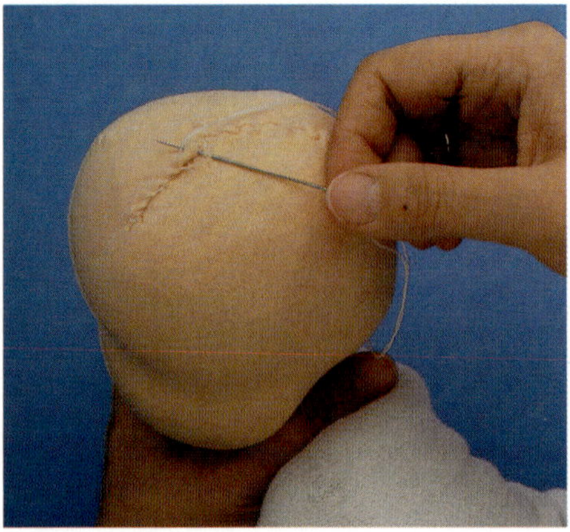

Der Stoffzipfel, der dann noch vorne an der Stirn übersteht, wird glatt nach hinten gelegt und auf dem Kopf festgenäht.

Zum Schluß binden Sie den Stoff mit reißfestem Garn am Hals ab. Achten Sie darauf, daß keine Falten am Kinn entstehen.

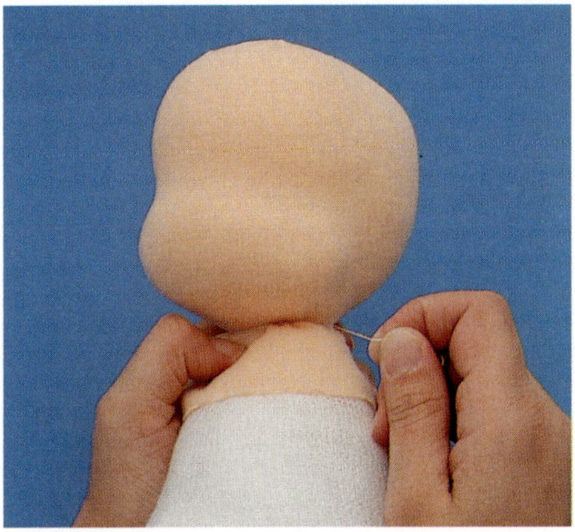

Markieren Sie Augen und Mund Ihrer Kuschelpuppe mit Stecknadeln. Der Abstand der Nadeln bildet ungefähr ein gleichseitiges Dreieck. Kontrollieren Sie, ob die Nadeln an der richtigen Stelle eingesteckt sind, indem Sie den Puppenkopf aus einiger Entfernung betrachten.
Die Nadeln sollten exakt auf der Höhe des waagerechten Abbindefadens sitzen.

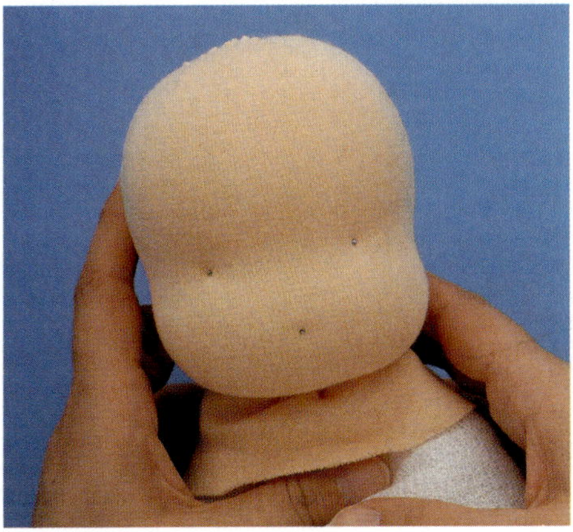

So finden Sie den richtigen Augenabstand:

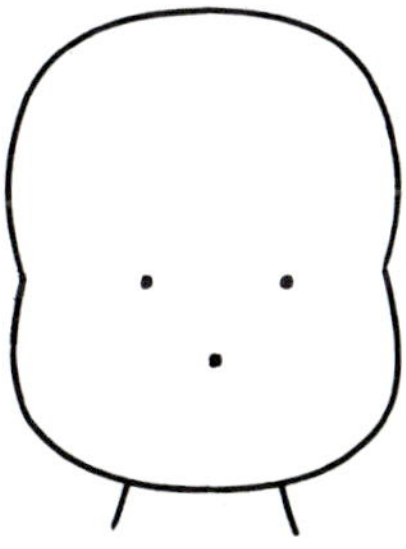

Der Abstand ist zu klein.

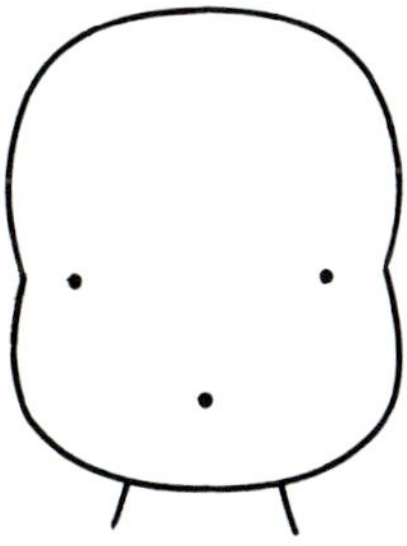

Die Entfernung von Augen und Mund ist zu groß.

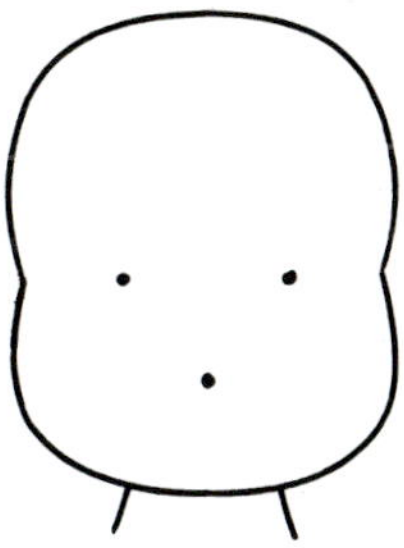

Das ist der richtige Augenabstand.

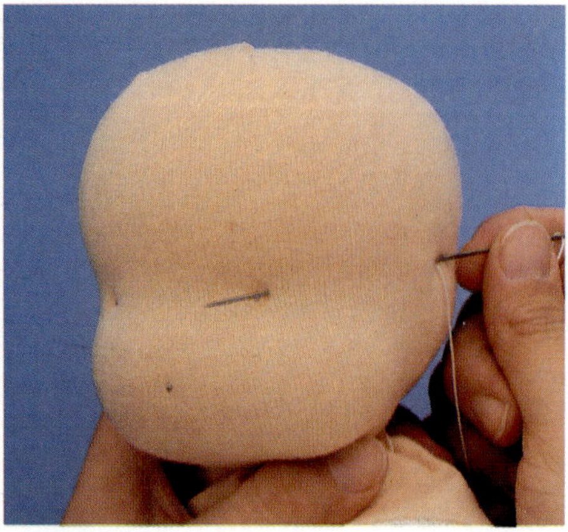

Um die Augenhöhlen einzunähen, benötigen Sie eine lange Stopfnadel (8 cm mindestens) oder eine spezielle Puppennadel.

Nähen Sie reißfestes Garn hinter dem Ohrpunkt an der rechten Kopfseite fest. Von dort stechen Sie mit einer langen Nadel durch den Kopf zu der Stelle, an der sich die rechte Augenmarkierung befindet.

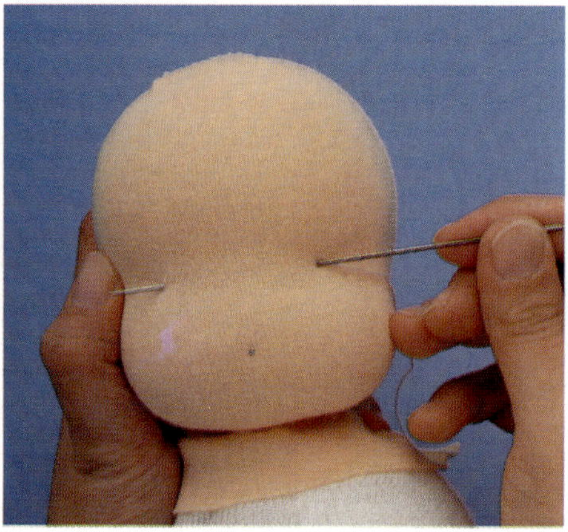

Stechen Sie 1 mm daneben wieder ein, und ziehen Sie die Nadel 1 mm vor der linken Augenmarkierung wieder heraus. Von dort stechen Sie direkt auf der Markierung ein und führen die Nadel an der linken Kopfseite hinter den Ohrpunkt. Wenn Sie dann nur leicht an dem Faden ziehen, entstehen die Augenhöhlen. Der Faden wird am Hinterkopf fest vernäht.

Das Bemalen des Gesichts

Der schönste, wenn auch der schwierigste Arbeitsschritt beim Puppenbasteln ist das Malen des Gesichts: Damit beginnt Ihre Puppe zu leben!

Für die Gestaltung des Gesichts sollten Sie daher auf jeden Fall einen ruhigen Augenblick aussuchen. Ein falscher Farbtupfer von der waschechten Farbe läßt sich nicht mehr entfernen.

Wenn Sie bereits Routine im Puppenbasteln haben, werden Sie die Puppe erst nach der Fertigstellung anmalen. Andernfalls sollten Sie an dieser Stelle das Gesicht gestalten. Wenn Ihnen dann beim Malen ein Fehler unterläuft, können Sie den Kopf noch einmal neu mit Stoff bespannen und von vorn beginnen.

Auf jeden Fall sollten Sie das Malen eines Puppengesichtes vorher üben. Benutzen Sie dazu ein Reststück des Trikotstoffes. So bekommen Sie ein Gefühl dafür, wie die Farbe am besten aufgetragen wird. Sie muß unbedingt eine halbe bis eine Stunde trocknen.

Manchem fällt es leichter, die Puppe erst dann zu bemalen, wenn sie bereits Haare hat. Eine Auswahl von Frisurvorschlägen finden Sie auf dieser Seite und den Seiten 19-22.

Sie benötigen zum Bemalen Ihrer Kuschelpuppe waschechte Stoffmalfarben. Informieren Sie sich im Fachhandel über die zahlreichen Farbnuancen.

Als Malwerkzeug ist eine Stecknadel mit einem Metallkopf zu empfehlen.

Tropfen Sie etwas Farbe in den Deckel des Farbtopfes, und tauchen Sie dort die Nadel ein. Nehmen Sie immer nur wenig Farbe mit der Nadel auf, und verteilen Sie sie dünn und gleichmäßig.

Auf den Seiten 17, 19 und 20 finden Sie einige Beispiele von Puppengesichtern.

Zu einer Kasperpuppe paßt auch sehr gut ein breiter, lachender Mund!

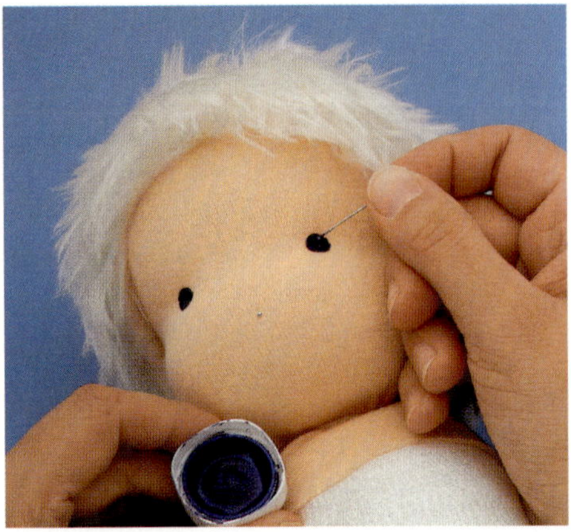

Malen Sie zuerst mit dem Stecknadelkopf in jede Augenhöhle auf den noch sichtbaren Faden einen Farbtupfer. Vergrößern Sie ihn allmählich, bis das Auge den Durchmesser erreicht hat, der zum Puppengesicht paßt. Ihr persönlicher Geschmack entscheidet, wie groß das Auge werden soll.

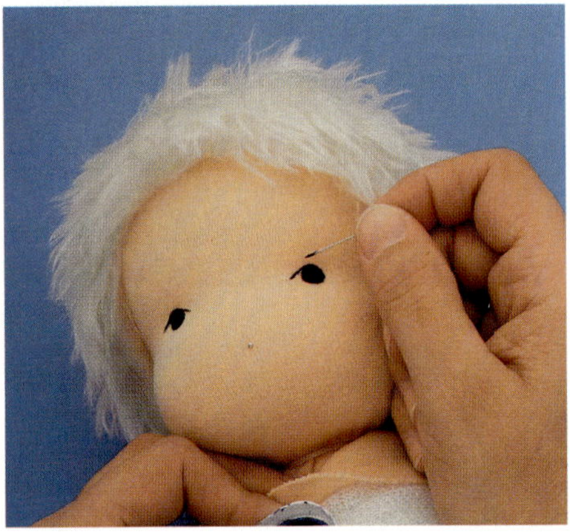

Die nun folgenden feinen Linien für den Lidstrich werden mit der Spitze der Stecknadel gearbeitet. Beginnen Sie links neben dem Auge, und ziehen Sie den Strich nach rechts zum oberen Rand der Pupille. Dann malen Sie vom rechten oberen Rand der Pupille nach rechts außen.

Sie können nun auch noch die Augenwinkel mit weißer Farbe auffüllen und je einen Lichtpunkt in beide Augen setzen – er gibt den Puppenaugen Leben!

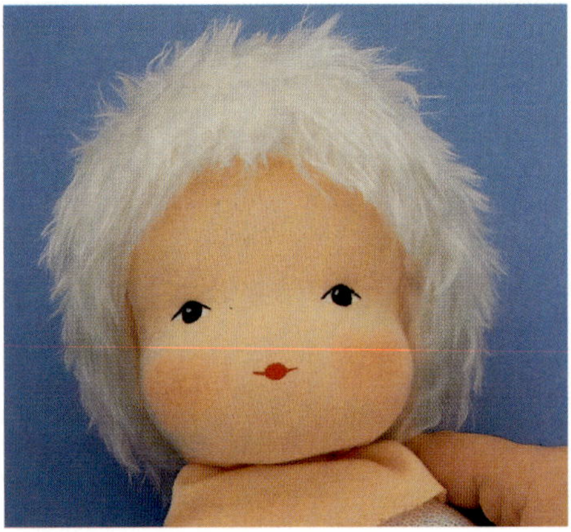

Der Mund entsteht genauso:

Malen Sie erst mit dem Nadelkopf einen Punkt, dann ziehen Sie die Linie mit der Nadelspitze bis in die Mundwinkel.

Zum Schluß tragen Sie noch ein wenig Rouge mit dem Wachsmalstift auf die Wangen der Puppe auf.

Die Haare

Puppen, die für größere Kinder gedacht sind, sollten eine komplette Frisur erhalten, auch wenn Sie der Puppe später eine Mütze aufsetzen. Dann erlebt Ihr Kind keine Enttäuschung, wenn es die Kopfbedeckung der Puppe einmal entfernt!
Bei kleineren Spielpuppen für Babys kann die Mütze am Kopf festgenäht werden. Es reicht dann, wenn Sie lediglich den Haaransatz besticken oder Fell am Haaransatz festnähen.

Die Fell- oder Webpelzperücke

Die schnellste und einfachste Art, eine Puppenfrisur herzustellen, ist das Nähen einer Fell- oder Webpelzperücke.
Am Puppenkopf messen Sie zuerst den Kopfumfang am äußeren Rand bzw. am Haaransatz. Nach diesen Maßen schneiden Sie dann das Schnittmuster der Perücke zu.
Zeichnen Sie mit einem Bleistift oder Kugelschreiber die Umrisse des Schnittmusters (siehe Beilage) auf das Fellstück. Achtung, berücksichtigen Sie dabei den Fellverlauf (Pfeilrichtung)!
Schneiden Sie mit einer feinen Schere (z.B. Nagelschere) entlang der Linie. Auf keinen Fall dürfen Sie durch das Fell oder den Pelzflor schneiden, sondern nur durch den Stoff oder die Lederhaut.
Zuerst schließen Sie mit Überwendstichen die hintere Naht A. Dann nähen Sie nacheinander die Abnäher (Seiten B, C, D, E) zusammen.

Die Perücke wird auf den Puppenkopf gesetzt. Die Kanten schlagen Sie 0,5 cm nach innen ein, damit sie nicht ausfransen und damit der Haaransatz ordentlich aussieht.
Die eingeschlagene Kante verläuft genau dort, wo der Haaransatz beginnt. Wenn die Perücke zu groß geraten ist, z.B. zu weit im Gesicht sitzt, schneiden Sie vorsichtig vom Rand noch etwas Fell weg. Stecken Sie die Fellperücke am Haaransatz rundherum mit Stecknadeln fest, und nähen Sie sie dann mit doppeltem Faden auf den Kopf (Überwendstich).

Die Häkelperücke

Sie benötigen 50 g langhaarige Mohairwolle und eine Häkelnadel Stärke 2,5. Häkeln Sie zuerst drei Luftmaschen, und schließen Sie sie mit einer Kettmasche zu einem Kreis. In der nächsten Runde setzen Sie in jede Luftmasche zwei feste Maschen. In den folgenden fünf Runden werden jeweils pro Ma-

sche zwei weitere feste Maschen gehäkelt. Danach wird in den folgenden Runden nur noch in jeder zweiten festen Masche eine Masche zugenommen. So entsteht ein kreisrundes Deckchen.
Durch Anprobieren auf dem Puppenkopf stellen Sie fest, wann Sie keine Maschen mehr zunehmen müssen. Dann werden nur noch Runden mit gleichbleibender Maschenzahl gehäkelt.
Während des Häkelns sollten Sie beachten, daß der Mohairflausch immer zu einer Seite ausgestrichen werden muß, und daß Sie nur den in der Mitte verlaufenden festen Faden verhäkeln.
Ist die Perücke fertiggestellt, wird der Mohairflausch mit einer Haarbürste kräftig gebürstet. Sie brauchen keine Sorge zu haben, daß Sie dabei zuviel Flausch ausbürsten! Wichtig ist, daß alle Mohairhaare aufgelockert werden. Ziehen Sie dann die Häkelperücke auf den Puppenkopf, und nähen Sie sie fest (Überwendstich).
Sie haben viele Möglichkeiten, die Frisur weiter zu gestalten! Wie wäre es zum Beispiel, wenn Sie kleine Zöpfe abbinden und mit winzigen Schleifen verzieren? Eine Jungenfrisur entsteht, wenn Sie den Flausch gleichmäßig mit der Schere auf ca. 1 cm kürzen. Sie können auch eine Ponyfrisur einknüpfen oder am Hinterkopf lange Fäden einnähen und einen Pferdeschwanz binden (vgl. Seite 20).

Ponyfrisur

Für diese Frisuren besticken Sie den ganzen Kopf mit Schlingen (siehe Zeichnungen Seite 22).

Zeichnen Sie zunächst den Haaransatz mit Bleistift rund um den Puppenkopf. Nun nähen Sie Runde für Runde eng nebeneinander Schlingen auf den Kopf: Kleine Schlingen ergeben eine Kurzhaarfrisur; mit großen Schlingen können Sie eine Zopffrisur herstellen.
Wenn der Kopf ganz mit Schlingen bedeckt ist, schneiden Sie jede Schlinge einzeln auf und kürzen mit der Schere die Frisur auf die gewünschte Länge.

Gestickter Haaransatz bei Puppen mit Mütze

Sie können rund um den Puppenkopf Haare einsticken und die Fransen auch am Hinterkopf unter der Mütze hervorschauen lassen. Oder Sie sticken eine Ponyfrisur, die jeweils seitlich bis zum Ohrpunkt reicht.
Mit einem feinen Bleistift zeichnen Sie den Haaransatz auf den Puppenkopf. Wie auf den Abbildungen zu sehen, nähen Sie dichte Schlingen in den Puppenkopf. Diese werden nach Fertigstellung aufgeschnitten und gleichmäßig gekürzt oder als Lockenfrisur belassen.
Benutzen Sie zum Aufsticken eine Sticknadel mit Spitze und 1,2 mm breitem Öhr. Mit der Nadel stechen Sie immer tief in das Material des Puppenkopfes ein (nicht nur oberflächlich durch den Trikotstoff).
Als Material für eine Ponyfrisur eignen sich Mohairwolle, Schur- oder Baumwolle am besten.

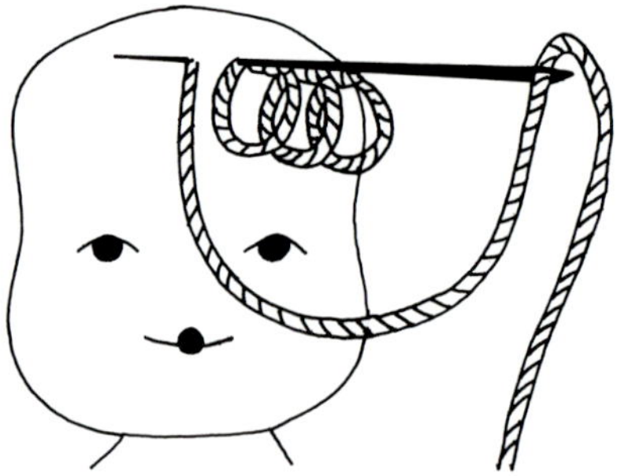

Nach dem Nadeleinstich ziehen Sie den Wollfaden durch und halten mit dem Daumen die Schlaufe fest.

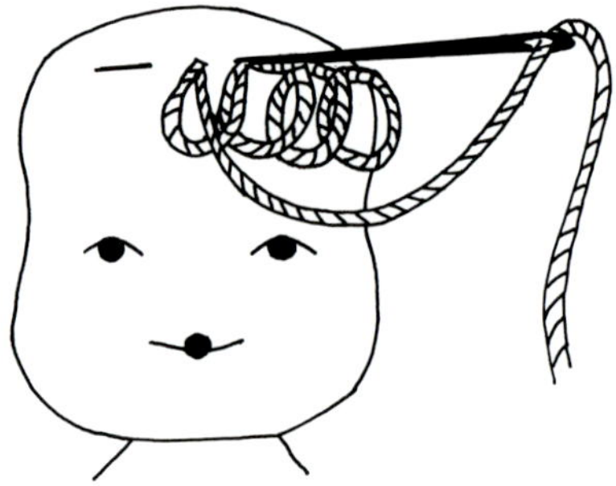

Nach dem zweiten Einstich ziehen Sie den Faden stramm, damit die Schlaufe sich nicht wieder lösen kann.

Ponyfrisur aus Webpelz

Der Haaransatz wird wieder mit Bleistift vorgezeichnet.
Entlang dieser Linie nähen Sie das Fell fest auf den Kopf. Dabei sollte die vordere Kante 0,5 cm nach innen eingeschlagen werden (siehe Seite 20 oben).

Der Rumpf, die Arme und die Beine

Für den Bauch der Puppe benötigen Sie den Wattestreifen E (siehe Seite 6). Rollen Sie ihn zu einer Rolle mit 21 cm Umfang. Schieben Sie zunächst den Schlauchverband vom Kopfteil nach oben, dann das Wattevlies. Genau in die Mitte setzen Sie die Rolle und streichen das Vlies glatt und stramm über die Rolle.

Nun wird der Schlauchverband stramm darübergezogen und unter der Rolle fest zugebunden. Der überstehende Rest des Schlauchverbands wird bis auf 1 cm gekürzt und flach an den Puppenkörper genäht.

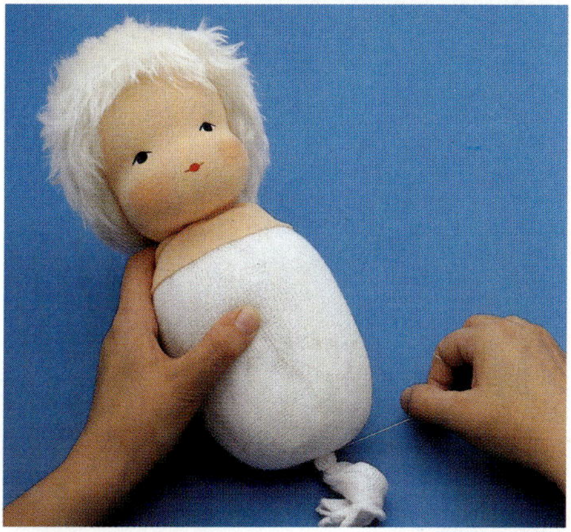

Ziehen Sie den Trikotstoff am Körper glatt, und nähen Sie ihn rundum mit großen Stichen fest.

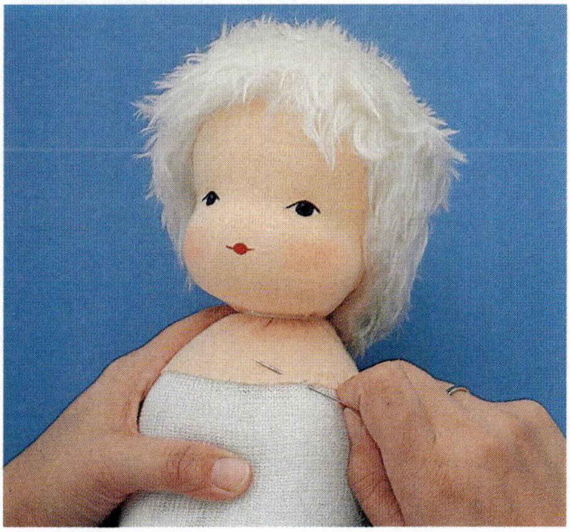

Um die Hüfte der Puppe herauszuarbeiten, befestigen Sie einen reißfesten Faden an der Seite. Spannen Sie diesen Faden über den Rücken zur gegenüberliegenden Seite der Puppe, und ziehen Sie ihn stramm. Wiederholen Sie diesen Schritt mehrmals, bis sich das Hinterteil der Puppe deutlich herausbildet.

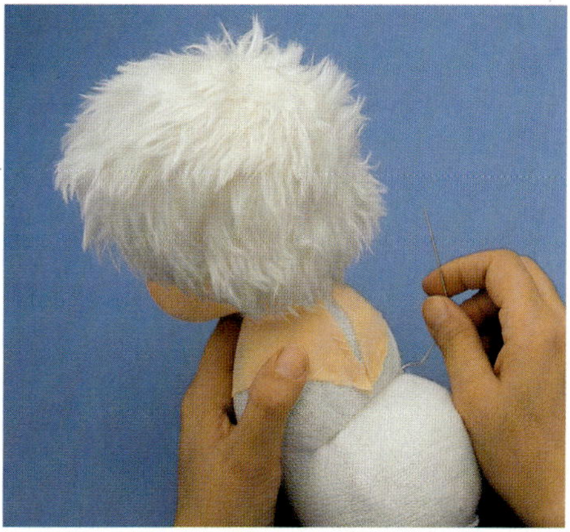

Der Nickianzug

Hinweis für das Nähen mit der Nähmaschine

Hat Ihre Nähmaschine verschiedene Einstellmöglichkeiten, dann wählen Sie zum Nähen des Nickistoffes eine elastische Nahteinstellung und einen winzigen Zick-Zack-Stich. Sonst reicht auch eine gerade Maschinennaht aus. In diesem Fall nähen Sie jede Naht doppelt, damit sie besser hält.
Auf jeden Fall sollten Sie für alle Nähte bei Strick- bzw. Maschenstoffen (Trikotstoff) eine „Stretch-Nähmaschinennadel" verwenden, da durch dickere Nadeln Löcher im Stoff entstehen können.
Für einen einfarbigen Nickianzug einer 40 cm großen Puppe benötigen Sie 0,5 m Stoff, das entspricht der Länge der Zipfelmütze. Wollen Sie einen mehrfarbigen Anzug nähen, benötigen Sie je Farbe 0,5 m Stoff. Die Reste können Sie für weitere Puppen verwenden.

Auf dem Schnittmuster (siehe Beilage) finden Sie alle Teile des Nickianzuges. Fertigen Sie zuerst eine Kopie an, und schneiden Sie die Schnittmusterkopien aus. Dann legen Sie die Schnittmusterteile auf den Nickistoff.
Berücksichtigen Sie dabei, daß der Nickistoff eine Maschenrichtung (Strich) hat. Sie können diese feststellen, indem Sie mit dem Finger über den Stoff streichen: In der Richtung gegen den Maschenlauf (Strich) fühlt sich der Stoff rauh an. In der Richtung des Strichs ist der Stoff glatt.
Die Pfeile auf den Schnittmusterteilen kennzeichnen die Maschenlaufrichtung.
Bei einfarbigen Anzügen wird der Nickistoff rechts auf rechts aufeinandergelegt, und die Teile werden doppelt zugeschnitten. Schneiden Sie dann auch das Oberteil in der Mitte im Stoffbruch zu. Dadurch sparen Sie eine Naht, und es sieht auch ordentlicher aus. Alle Teile des Anzugs werden mit einer Nahtzugabe von mindestens 1 cm zugeschnitten.

Soll der Kasperanzug zwei- oder mehrfarbig hergestellt werden, empfiehlt es sich, jedes Schnittmusterteil einzeln zu arbeiten.
Die einzelnen Stoffteile werden zuerst mit Stecknadeln zusammengesteckt und mit Reihgarn im Vorstich zusammengeheftet. Dann erst nähen Sie die Nähmaschinennaht, da sonst der Nickistoff beim Nähen leicht verrutschen könnte.

Das Zusammenfügen des Anzugs ist am einfachsten, wenn Sie sich an die Reihenfolge der Arbeitsbeschreibung halten:

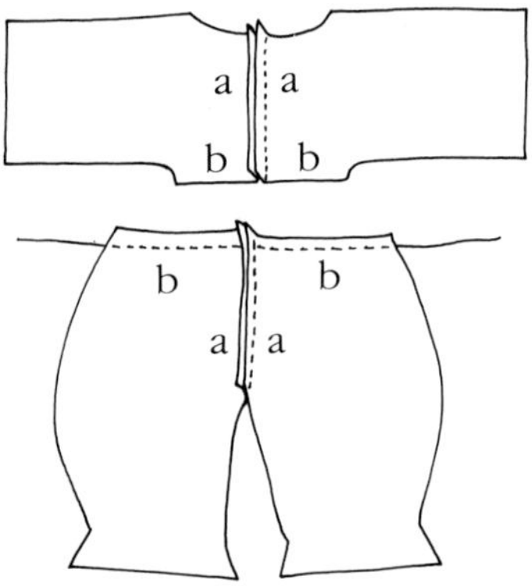

Zuerst wird die vordere Mittelnaht a der beiden Oberteile geschlossen (entfällt bei einfarbigem Anzug).
Danach wird die Mittelnaht a der Hosenteile zusammengenäht.
Am oberen Hosenrand b nähen Sie einen Reihfaden ein. Sie können diesen von Hand oder mit der Nähmaschine mit der größten Sticheinstellung nähen.

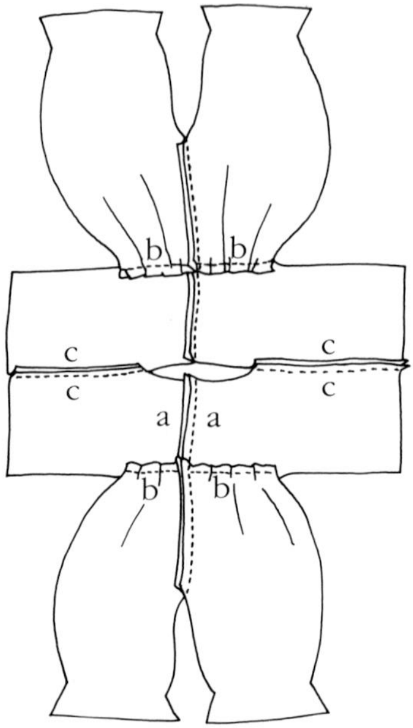

Die Hosenteile werden mit den Oberteilen (Nähte b) verbunden. Dabei werden die Hosenteile auf die Breite des Oberteils eingekräuselt.
Anschließend werden die Nähte c an den Schultern zugenäht.

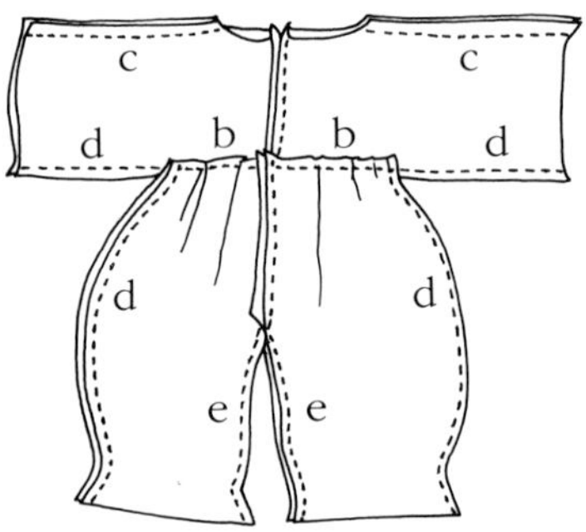

Jetzt schließen Sie, angefangen bei den Ärmeln, die Nähte d bis zum unteren Hosenbein.
Nach dem Nähen der Nähte e ist der Anzug bereits fertig.

Nähen der Hände und Füße

Das Nähen der Hände und Füße wird erleichtert, wenn Sie die Papierschnittmuster (siehe Beilage) 0,5 cm größer als angegeben zuschneiden. Sie legen dann die Papierteile auf den Stoff und nähen entlang der Schnittmusterlinie die Nähmaschinennaht. Das Papier wird anschließend entfernt. So werden beide Teile der Hände und Füße gleich groß. Jetzt erst schneiden Sie die Teile aus dem Stoff aus.

Stopfen der Hände und Füße

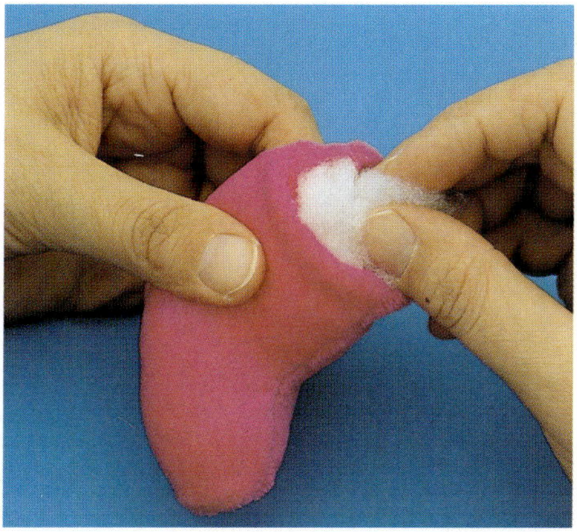

Nehmen Sie zum Füllen immer nur ein kleines Büschel Füllwatte, und stoßen Sie es zunächst bis in die Spitzen der Füße und Hände. Füllen Sie allmählich weiter auf, indem Sie das genähte Teil in der einen Hand halten und an der Stelle von außen dagegen drücken, wo Sie die Füllwatte einfüllen.
So vermeiden Sie ein Überdehnen des Stoffes und ein Reißen der Naht und erhalten dennoch eine feste Füllung.

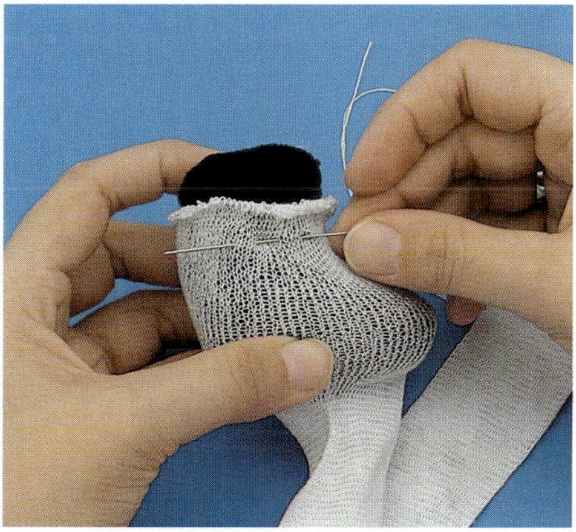

Den 1,2 m langen Schlauchverband, 3 cm breit, teilen Sie in vier gleiche Teile. Der Schlauch wird von unten über Hände und Füße gezogen und im Vorstich rundum gut angenäht.

Füllen der Arme und Beine

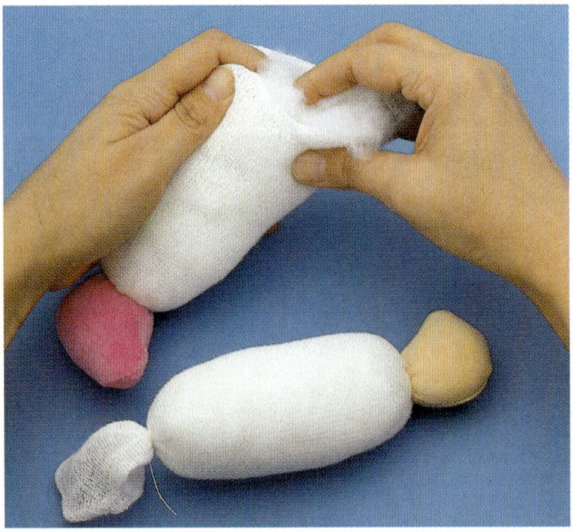

Der an den Hand- und Fußgelenken angenähte Schlauchverband wird mit Füllwatte weiter aufgefüllt. Verfahren Sie genauso wie beim Stopfen der Hände und Füße. Oben bleibt der Schlauch ca. 2 cm ungefüllt. Die Öffnung wird mit Abbindegarn zugebunden.

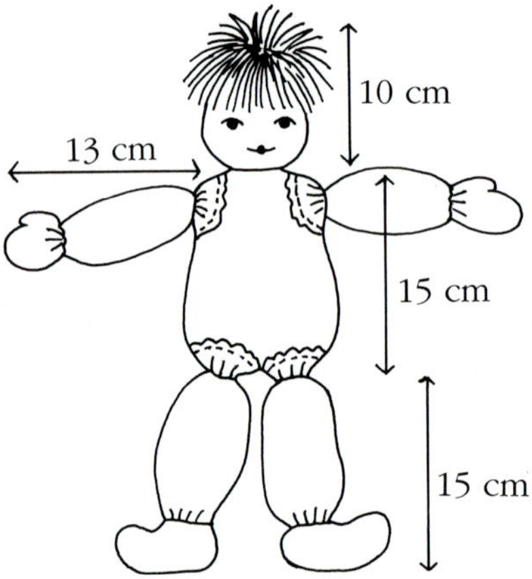

Die Proportionen der Puppe

Von der Handspitze bis zur Abbindestelle beträgt die Länge des Armes 13 cm. Die Länge des Beines von der Sohle gemessen beträgt 15 cm.

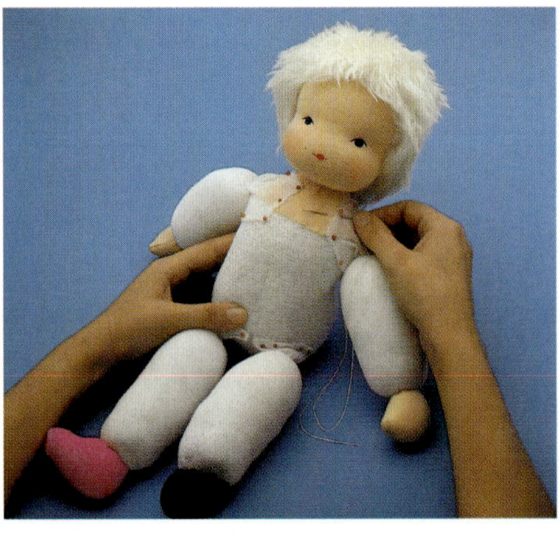

Annähen der Arme und Beine an den Rumpf

Der Schlauchverband wird an den Schultern mit Stecknadeln rundum festgesteckt. Prüfen Sie durch Verschieben des Schlauchverbands, ob beide Arme gleich lang sind. Dann nähen Sie mit Rückstich den Verband an den Schultern fest, dabei stechen Sie tief in das Vliesmaterial ein.
Die Beine werden unten am Rumpf festgenäht.

Das Anziehen des Nickianzugs

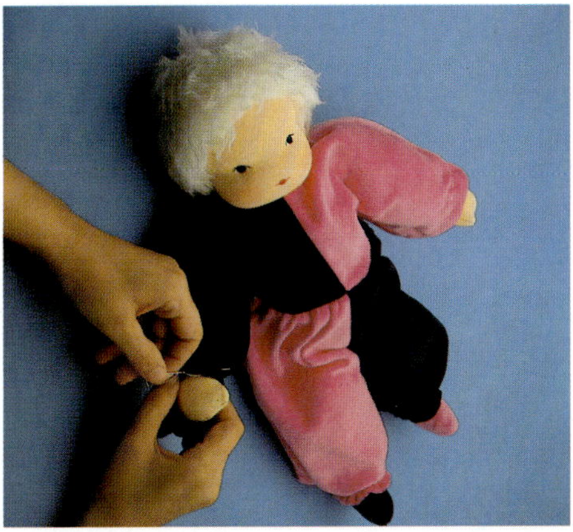

Schlagen Sie bei dem Nickianzug die Kanten der Ärmel- und Beinöffnungen ca. 1,5 cm nach innen ein. 0,5 cm vom Rand entfernt nähen Sie in beide Ärmel- und Beinöffnungen einen Kräuselfaden (Vorstich) ein. Die Fadenenden noch nicht abschneiden!
Der Anzug wird auf die rechte Seite gewendet und der Puppe durch die Halsöffnung angezogen. Jetzt ziehen Sie nacheinander die Kräuselfäden stramm, verteilen den Nickistoff gleichmäßig um die Hand- und Fußgelenke und nähen den Stoff rundum gut an den Gelenken fest.

Zuletzt wird mit Matratzenstichen die Öffnung in Richtung Hals zugenäht. Der Stoff wird dabei 1 cm nach innen eingeschlagen. Am Hals wird der Nickistoff einmal rundherum mit feinen, nicht sichtbaren Stichen angenäht.

Fertig ist die Kuschelpuppe!
Wenn gewünscht, erhält sie noch eine Zipfelmütze mit einem Glöckchen, Plüsch- oder Wollpompon und einen dekorativen Spitzenkragen.

Die Zipfelmütze

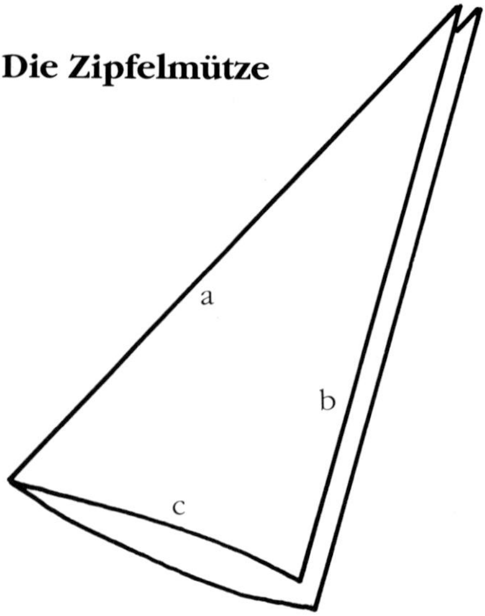

Vor dem Zuschneiden der Mütze messen Sie am Haaransatz der Puppe den Kopfumfang.

Fertigen Sie ein passendes Schnittmuster an, indem Sie den unteren Rand c des Schnittmusters verkürzen oder verlängern. Bei einfarbigen Zipfelmützen können Sie die Seite a im Stoffbruch legen. Dadurch sparen Sie eine Naht.

Wenn die Seitennähte geschlossen sind, schlagen Sie den Rand c ungefähr 1 cm nach innen ein und nähen mit überwendlichen Stichen eine versäuberte Kante.

Wird die Mütze fest an den Kopf genäht, wird ebenfalls der Rand nach innen eingeschlagen. Stechen Sie beim Annähen der Mütze abwechselnd tief in den Puppenkopf und dann in den äußeren Rand der Mütze.

Der Plüschpompon

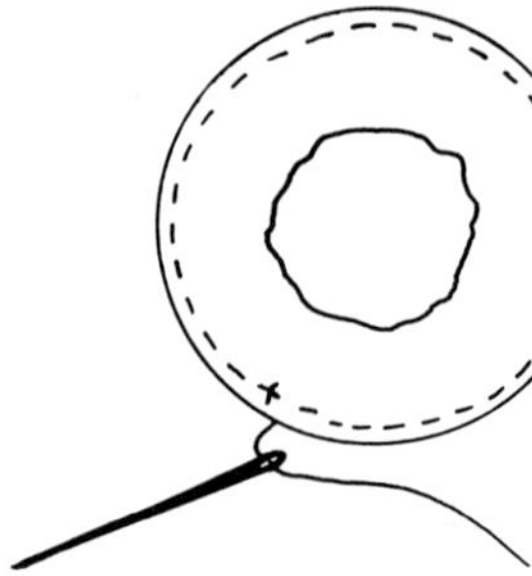

Schneiden Sie ein kreisrundes Stück Nickistoff mit einem Durchmesser von 8 cm aus. 0,5 cm vom Rand entfernt nähen Sie einen Kräuselfaden (Vorstich) ein. Formen Sie aus Füllwatte eine feste Wattekugel, und legen Sie sie in die Mitte des Stoffes.

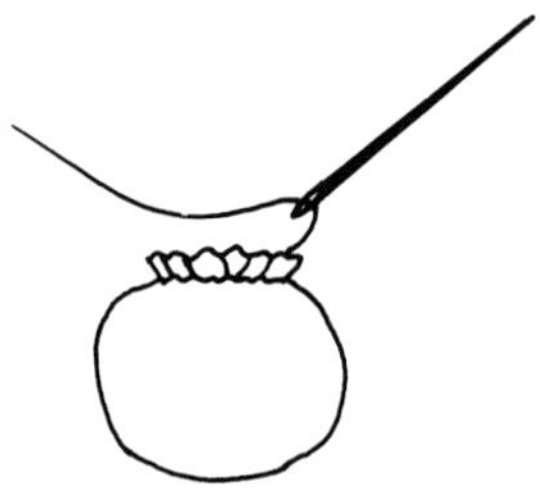

Der Kräuselfaden wird zugezogen.

Nähen Sie die Ränder sauber nach innen.

Der Wollpompon

Aus starker Pappe schneiden Sie zwei runde Scheiben mit einem Durchmesser von ca. 5 cm.
Aus jeder Pappscheibe wird in der Mitte ein Loch herausgeschnitten.

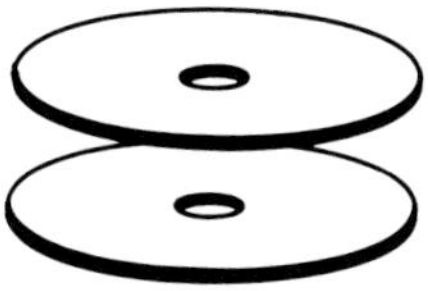

Beide Scheiben legen Sie aufeinander. Umwickeln Sie die Pappscheibe mit Wolle, indem Sie einen langen Faden in eine Sticknadel fädeln und damit solange durch die Mitte stechen, bis kein Faden mehr durchpaßt.

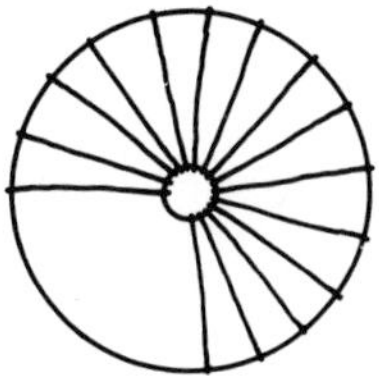

Zwischen den beiden Pappscheiben schneiden Sie jetzt mit der Schere die Fäden auf. Nehmen Sie einen Wollfaden, ziehen Sie ihn zwischen den Pappscheiben hindurch, und verknoten Sie ihn um die Wollfäden in der Mitte.

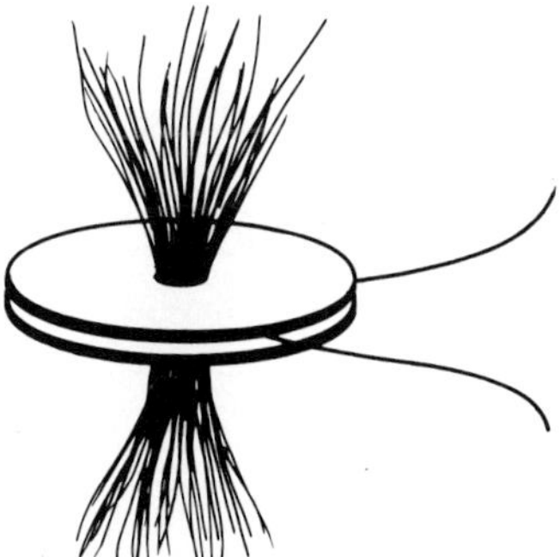

Entfernen Sie die Pappscheiben. Der Pompon muß noch mit der Schere rundum gleichmäßig geschnitten werden.

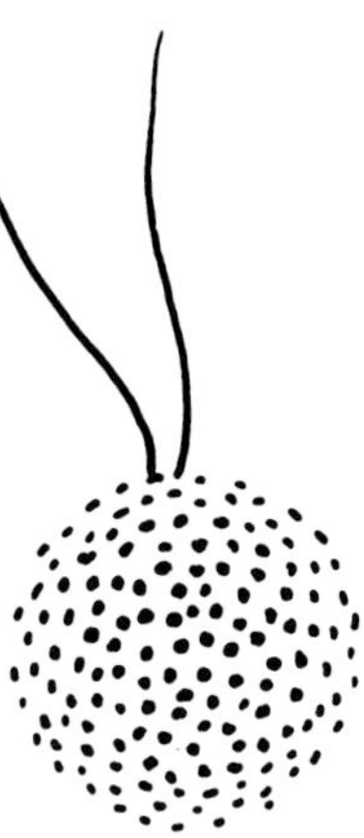

Waschanleitung

Ihre Kuschelpuppe wird sicherlich zum Liebling aller Kinder – ein treuer Begleiter durch dick und dünn! Und natürlich müssen Stoffpuppen dann auch eine Wäsche vertragen!
Ist die Puppe nur leicht angeschmutzt, wird sie mit einem feuchten Schwamm und etwas Feinwaschmittel abgerieben. Wenn sie wirklich schmutzig ist, bereiten Sie ihr ein lauwarmes Bad mit etwas Feinwaschmittel. Darin wird sie gründlich von Hand gereinigt. Nach der Wäsche spülen Sie mit klarem Wasser die Waschmittelreste aus.
In einem Handtuch trocknen Sie die Puppe gut ab und drücken dabei soviel Wasser aus wie möglich. Dann wird sie zum Trocknen auf ein Tuch auf die Heizung gelegt.
Puppen mit einer Wollhaar-Frisur legen Sie besser nicht direkt auf die Heizung, da Wolle bei höheren Temperaturen leicht verfilzt.